U0266000

建筑工程细部节点做法与施工工艺图解丛书

安全文明、绿色施工细部节点做法与施工工艺图解

丛书主编：毛志兵

本书主编：刘明生

中国建筑工业出版社

图书在版编目（CIP）数据

安全文明、绿色施工细部节点做法与施工工艺图
解/刘明生主编. —北京：中国建筑工业出版社，
2018.7
（建筑工程细部节点做法与施工工艺图解丛书/丛书
主编：毛志兵）
ISBN 978-7-112-22213-1

Ⅰ.①安… Ⅱ.①刘… Ⅲ.①建筑工程-节点-细部
设计-无污染技术-图解 ②建筑工程-工程施工-无污染
技术-图解 Ⅳ.①TU-023

中国版本图书馆 CIP 数据核字(2018)第 100446 号

　　本书以通俗、易懂、简单、经济、实用为出发点，从节点图、实体照
片、工艺说明三个方面解读工程节点做法。本书分为文明安全施工、绿色
施工共 2 章。提供了 100 多个常用细部节点做法，能够对项目基层管理岗
位及操作层的实体操作及质量控制有所启发和帮助。
　　本书是一本实用性图书，可以作为监理单位、施工企业、一线管理人
员及劳务操作层的培训教材。

　　责任编辑：张　磊
　　责任校对：张　颖

建筑工程细部节点做法与施工工艺图解丛书
安全文明、绿色施工细部节点做法与施工工艺图解
丛书主编：毛志兵
本书主编：刘明生
*
中国建筑工业出版社出版、发行(北京海淀三里河路 9 号)
各地新华书店、建筑书店经销
北京红光制版公司制版
河北鹏润印刷有限公司印刷
*
开本：850×1168 毫米　1/32　印张：4⅞　字数：128 千字
2018 年 9 月第一版　2018 年 9 月第一次印刷
定价：**25.00** 元
ISBN 978-7-112-22213-1
(31981)

版权所有　翻印必究
如有印装质量问题，可寄本社退换
（邮政编码 100037）

编写委员会

主　　编：毛志兵
副 主 编：（按姓氏笔画排序）

冯　跃　刘　杨　刘明生　李　明　杨健康

吴　飞　吴克辛　张云富　张太清　张可文

张晋勋　欧亚明　金　睿　赵福明　郝玉柱

彭明祥　戴立先

审定委员会

（按姓氏笔画排序）

马荣全　王　伟　王存贵　王美华　王清训　冯世伟

曲　惠　刘新玉　孙振声　李景芳　杨　煜　杨嗣信

吴月华　汪道金　张　涛　张　琨　张　磊　胡正华

姚金满　高本礼　鲁开明　薛永武

审定人员分工

《地基基础工程细部节点做法与施工工艺图解》

    中国建筑第六工程局有限公司顾问总工程师：王存贵

    上海建工集团股份有限公司副总工程师：王美华

《钢筋混凝土结构工程细部节点做法与施工工艺图解》

    中国建筑股份有限公司科技部原总经理：孙振声

    中国建筑股份有限公司技术中心总工程师：李景芳

    中国建筑一局集团建设发展有限公司副总经理：冯世伟

    南京建工集团有限公司总工程师：鲁开明

《钢结构工程细部节点做法与施工工艺图解》

    中国建筑第三工程局有限公司总工程师：张琨

    中国建筑第八工程局有限公司原总工程师：马荣全

    中铁建工集团有限公司总工程师：杨煜

    浙江中南建设集团有限公司总工程师：姚金满

《砌体工程细部节点做法与施工工艺图解》

    原北京市人民政府顾问：杨嗣信

    山西建设投资集团有限公司顾问总工程师：高本礼

    陕西建工集团有限公司原总工程师：薛永武

《防水、保温及屋面工程细部节点做法与施工工艺图解》

    中国建筑业协会建筑防水分会专家委员会主任：曲惠

    吉林建工集团有限公司总工程师：王伟

《装饰装修工程细部节点做法与施工工艺图解》

中国建筑装饰集团有限公司总工程师：张涛

温州建设集团有限公司总工程师：胡正华

《安全文明、绿色施工细部节点做法与施工工艺图解》

中国新兴建设集团有限公司原总工程师：汪道金

中国华西企业有限公司原总工程师：刘新玉

《建筑电气工程细部节点做法与施工工艺图解》

中国建筑一局（集团）有限公司原总工程师：吴月华

《建筑智能化工程细部节点做法与施工工艺图解》

《给水排水工程细部节点做法与施工工艺图解》

《通风空调工程细部节点做法与施工工艺图解》

中国安装协会首席专家：王清训

本书编委会

主编单位：陕西建工集团有限公司

参编单位：陕西建工第二建设集团有限公司

陕西建工第三建设集团有限公司

陕西建工第五建设集团有限公司

陕西建工第六建设集团有限公司

陕西建工第七建设集团有限公司

主　　编：刘明生

副主编：李　阳　李西寿

编写人员：张小源　唐　炜　韩　超　马义玲　完永军

陈国良　计永荣　李录超　胡晨曦　马小波

梁　凯　白　鹏　潘明玉　蒋承飞　吕　波

李　鹏　曹志龙

审核人员：汪道金　刘新玉　李忠坤　时　炜　王巧莉

李　群　张风亮　李　甜　曹　薇　田鹏刚

丛 书 前 言

过去的 30 年，是我国建筑业高速发展的 30 年，也是从业人员数量井喷的 30 年，不可避免的出现专业素质参差不齐，管理和建造水平亟待提高的问题。

随着国家经济形势与发展方向的变化，一方面建筑业从粗放发展模式向精细化发展模式转变，过去以数量增长为主的方式不能提供行业发展的动力，需要朝品质提升、精益建造方向迈进，对从业人员的专业水准提出更高的要求；另一方面，建筑业也正由施工总承包向工程总承包转变，不仅施工技术人员，整个产业链上的工程设计、建设监理、运营维护等项目管理人员均需要夯实专业基础和提高技术水平。

特别是近几年，施工技术得到了突飞猛进的发展，完成了一批"高、大、精、尖"项目，新结构、新材料、新工艺、新技术不断涌现，但不同地域、不同企业间发展不均衡的矛盾仍然比较突出。

为了促进全行业施工技术发展及施工操作水平的整体提升，我们组织业界有代表性的大型建筑集团的相关专家学者共同编写了《建筑工程细部节点做法与施工工艺图解丛书》，梳理经过业界检验的通用标准和细部节点，使过去的成功经验得到传承与发扬；同时收录相关部委推广与推荐的创优做法，以引领和提高行业的整体水平。在形式上，以通俗易懂、经济实用为出发点，从节点构造、实体照片（BIM 模拟）、工艺要点等几个方面，解读工程节点做法与施工工艺。最后，邀请业界顶尖专家审稿，确保本丛书在专业上的严谨性、技术上的科学性和内容上的先进性。使本丛书可供广大一线施工操作人员学习研究、设计监理人员作业的参考、项目管理人员工作的借鉴。

本丛书作为一本实用性的工具书，按不同专业提供了业界实践后常用的细部节点做法，可以作为设计单位、监理单位、施工企业、一线管理人员及劳务操作层的培训教材，希望对项目各参建方的操作实践及品质控制有所启发和帮助。

　　本丛书虽经过长时间准备、多次研讨与审查、修改，仍难免存在疏漏与不足之处。恳请广大读者提出宝贵意见，以便进一步修改完善。

丛书主编：毛志兵

本 册 前 言

本分册根据《建筑工程细部节点做法与施工工艺图解丛书》编委会的要求，由陕西建工集团有限公司会同陕西建工第二建设集团有限公司、陕西建工第三建设集团有限公司、陕西建工第五建设集团有限公司、陕西建工第六建设集团有限公司、陕西建工第七建设集团有限公司共同编制。

在编写过程中，编写组认真研究了《建筑施工安全检查标准》、《建筑施工高处作业安全技术规范》、《绿色施工导则》、《建筑工程绿色施工评价标准》、《建筑工程绿色施工规范》等有关资料和图集，结合编制组在安全管理与绿色施工方面的经验进行编制，并组织陕西建工集团内、外专家进行审查后定稿。

本书主要内容有：文明安全施工、绿色施工两章100多个节点，每个节点包括实景或BIM图片及工艺说明两部分，力求图文并茂、简明直观、先进适用。

中国新兴建设集团有限公司原总工程师汪道金、中国华西企业有限公司原总工程师刘新玉和陕西建工集团内多位专家一起对本书内容进行了审核，在此一并表示感谢。

由于时间仓促，经验不足，书中难免存在缺点和错漏，恳请广大读者指正。

目　录

第一章　文明安全施工 …………………………………………… 1

第一节　基坑施工 ………………………………………………… 1

010101　基坑周边防护 …………………………………………… 1

010102　基坑排水 ………………………………………………… 2

010103　基坑边坡安全监测 ……………………………………… 3

第二节　脚手架工程 ……………………………………………… 4

010201　落地式钢管扣件脚手架基础做法 ……………………… 4

010202　架体构造 ………………………………………………… 5

010203　连墙件 …………………………………………………… 6

010204　剪刀撑和横向斜撑（24m 以下）………………………… 7

010205　剪刀撑和横向斜撑（24m 以上）………………………… 8

010206　架体防护 ………………………………………………… 9

010207　型钢悬挑式脚手架悬挑钢梁设置 ……………………… 10

010208　特殊部位构造 …………………………………………… 11

010209　附着式升降脚手架基本要求 …………………………… 12

010210　附着式升降脚手架安全装置 …………………………… 13

010211　高处作业吊篮安装基本要求 …………………………… 14

010212　高处作业吊篮安全装置 ………………………………… 15

010213　落地转料平台（落地式接料平台）……………………… 16

010214　悬挑转料平台（悬挑式操作平台）……………………… 17

010215　自升式转料平台 ………………………………………… 18

第三节　模板工程 ………………………………………………… 19

010301　模板支架基础 …………………………………………… 19

010302　支架构造 ………………………………………………… 20

010303　高支模立杆顶部支撑 …………………………………… 21

010304　高支模架体与结构拉结 ············· 22

010305　高支模防护 ············· 23

010306　爬升模板 ············· 24

第四节　临时用电 ············· 25

010401　TN-S 配电系统 ············· 25

010402　三级配电及两级保护 ············· 26

010403　配电室布置 ············· 27

010404　配电箱电器配置 ············· 28

010405　电缆线路敷设 ············· 29

第五节　安全防护 ············· 30

010501　洞口防护 ············· 30

010502　临边防护 ············· 31

010503　电梯井防护 ············· 32

010504　通道口防护 ············· 33

010505　交叉作业防护 ············· 34

010506　移动作业平台 ············· 35

第六节　机械设备 ············· 36

010601　塔机防碰撞 ············· 36

010602　附着安装操作防护平台 ············· 37

010603　操作人员高空通道 ············· 38

010604　安全监控系统 ············· 39

010605　施工升降机层站防护 ············· 40

010606　操作权限智能控制系统 ············· 41

010607　中小型设备安全防护 ············· 42

第七节　安全体验 ············· 43

010701　平面布置 ············· 43

010702　安全帽撞击体验 ············· 44

010703　洞口坠落体验 ············· 45

010704　安全带使用体验 ············· 46

010705　综合用电体验 ············· 47

010706　平衡木体验 ·· 48

010707　消防器材使用体验 ······························ 49

010708　挡土墙倒塌体验 ································· 50

010709　安全鞋冲击体验 ································· 51

010710　急救体验 ·· 52

第八节　消防 ·· 53

010801　消防平面布置 ··································· 53

010802　消防器材配备 ··································· 54

010803　消防水源设置 ··································· 55

第九节　治安保卫 ··· 56

010901　实名制门禁 ····································· 56

010902　现场围挡 ·· 57

第二章　绿色施工 ··· 58

第一节　环境保护 ··· 58

1. 扬尘控制 ·· 58

020101　车辆冲洗 ·· 58

020102　裸露土处理 ····································· 59

020103　运输车辆全封闭覆盖 ························· 60

020104　环保除尘风送式喷雾机 ····················· 61

020105　施工现场喷雾降尘 ···························· 62

020106　外脚手架降尘喷雾设施 ····················· 63

020107　塔吊喷雾降尘 ································· 64

020108　扬尘智能化监测 ······························ 65

2. 噪声控制 ·· 66

020109　选用低噪声设备 ······························ 66

020110　混凝土输送泵降噪棚 ························· 67

020111　隔声木工加工车间 ···························· 68

020112　降噪挡板 ······································· 69

020113　隔声降噪布 ····································· 70

020114　噪声实时监测 ································· 71

3. 光污染控制 ···································· 72

020115 焊接遮光措施 ···························· 72

020116 夜间照明灯控制 ·························· 73

4. 水污染控制 ···································· 74

020117 污水沉淀池 ···························· 74

020118 隔油池 ································ 75

020119 化粪池 ································ 76

020120 危险品储存 ···························· 77

020121 土壤污染 ······························ 78

5. 废气排放控制 ·································· 79

020122 废气排放控制 ·························· 79

6. 施工现场垃圾控制 ······························ 80

020123 建筑垃圾垂直运输 ······················ 80

020124 建筑垃圾分类处理 ······················ 81

020125 废弃混凝土、砖砌体骨料回收利用 ·········· 82

020126 生活办公垃圾分类回收 ·················· 83

020127 废旧电池、墨盒集中回收 ················ 84

7. 环境保护公示牌 ································ 85

020128 环境保护公示牌 ························ 85

8. 其他措施 ······································ 86

020129 地下设施、文物和资源保护 ·············· 86

020130 临时设施装配化 ························ 87

020131 透水混凝土的应用 ······················ 88

020132 植生生态混凝土应用 ···················· 89

020133 垂直绿化技术应用 ······················ 90

020134 地下水清洁回灌技术应用 ················ 91

第二节 节材与材料资源利用 ···················· 92

1. 钢材节约 ······································ 92

020201 钢材软件下料 ·························· 92

020202 数控钢材加工设备 ······················ 93

020203 钢筋连接 ·········· 94

020204 钢筋余料回收利用 ············ 95

2. 混凝土工程节材 ············ 96

020205 预拌混凝土 ············ 96

020206 混凝土余料回收利用 ············ 97

3. 砌体工程节材 ············ 98

020207 砌体材料集中精确加工 ············ 98

020208 预拌砂浆 ············ 99

4. 装饰工程节材 ············ 100

020209 块材施工前预排 ············ 100

5. 周转材料 ············ 101

020210 新型模板 ············ 101

020211 方木、模板接长 ············ 102

6. 临时设施 ············ 103

020212 集装箱式活动房 ············ 103

7. 其他节材措施 ············ 104

020213 钢板铺装路面 ············ 104

020214 预制模块化混凝土路面 ············ 105

第三节 节水与水资源利用 ············ 106

1. 现场用水分区计量 ············ 106

020301 现场用水分区计量 ············ 106

2. 节水措施 ············ 107

020302 节水龙头 ············ 107

020303 感应式冲水小便池 ············ 108

020304 踏板式淋浴器 ············ 109

020305 混凝土泵送管道无水清洗 ············ 110

020306 节水型涮砖 ············ 111

3. 提高水资源利用率 ············ 112

020307 生活污水收集利用 ············ 112

020308 浴室污水用作卫生间冲水 ············ 113

14

020309 混凝土施工废水再利用 ·························· 114

4. 非传统水源利用 ······························ 115

020310 雨水收集利用 ·························· 115

020311 基坑降水收集利用 ·················· 116

5. 用水安全 ··································· 117

020312 直饮水机 ···························· 117

020313 非传统水源水质检测 ··············· 118

020314 施工现场污水专项检测 ············ 119

第四节 节能与能源利用·························· 120

1. 施工过程节能措施 ·························· 120

020401 用电分区计量 ······················ 120

020402 变频塔机 ·························· 121

020403 变频施工升降机 ················· 122

020404 LED 照明灯 ····················· 123

020405 太阳能热水供应节能技术 ········· 124

020406 空气能热水器 ···················· 125

020407 太阳能路灯 ···················· 126

020408 声、光控技术 ··················· 127

020409 镝灯时钟控制技术 ·············· 128

020410 变频加压供水设备应用 ········· 129

020411 暖风机升温技术 ··············· 130

020412 光伏发电技术应用 ············· 131

020413 现场低压照明技术 ············· 132

020414 溜槽施工技术 ················· 133

第五节 节地与土地资源保护················· 134

1. 施工现场规划 ······················ 134

020501 施工现场布置永临结合 ········ 134

020502 现场管理动态布置 ··········· 135

2. 节地与临时用地保护措施 ··········· 136

020503 既有建筑、围墙利用 ········· 136

020504 土钉墙支护 ················· 137

第一章 文明安全施工

第一节 基 坑 施 工

010101 基坑周边防护

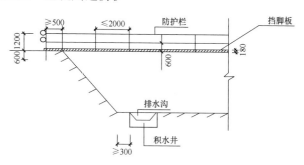

工艺说明：
  开挖深度 2m 及以上的基坑，应在周边设置防护栏杆。防护栏杆由上、下两道横杆及栏杆柱组成，栏杆柱底端应固定牢固。当在基坑四周土体上固定时，应采用预埋或打入方式固定，埋入式栏杆柱埋深应大于 0.6m。防护栏杆内侧应挂密目网或采用工具式栏板封闭，外侧应设置不低于 18cm 的挡脚板，也可用挡水台替代挡脚板。

010102　基坑排水

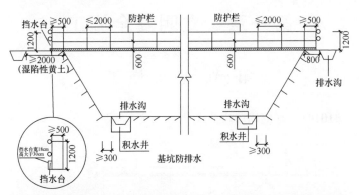

基坑防排水

工艺说明：

应按设计要求对基坑周边地面采取硬化处理，并设置高度大于15cm的挡水台。基坑的上部四周和底部应设置排水沟和集水井，排水坡向应明显。排水沟、集水井应做防渗处理。湿陷性黄土地区基坑上部排水沟与基坑边缘的距离应大于2m，其他地区排水沟距坑边的距离应大于80cm。

010103 基坑边坡安全监测

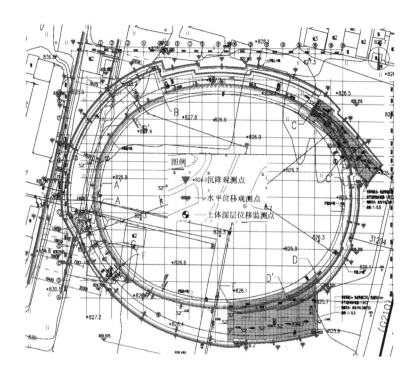

工艺说明：

对于安全等级为一级或二级的基坑支护结构，在基坑开挖前应制定现场监测方案，其主要内容应包括监测目的、监测项目、监测点布置、监测方法、精度要求、监测周期、监测项目报警值、监测结果处理要求和监测结果反馈制度等。施工时应按现场监测方案实施，及时处理监测结果，并应将结果及时向监理、设计、施工人员进行信息反馈，发现异常应立即采取应急措施。

第二节 脚 手 架 工 程

010201 落地式钢管扣件脚手架基础做法

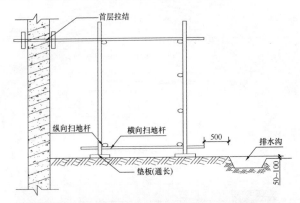

工艺说明：

脚手架基础做法应根据立杆地基承载力计算确定，一般情况下脚手架搭设高度在24m以下时，可采用回填土分层夯实找平处理或采用素混凝土垫层。脚手架基础宜高于自然地坪50～100mm，外侧应设置排水沟。每根立杆底部应设置底座或垫板。

010202 架体构造

1—垫板；2—水平扫地杆

工艺说明：

落地式钢管扣件脚手架搭设应符合规范要求，单排脚手架搭设高度不应超过24m，双排脚手架搭设高度不宜超过50m。立杆接头应采用对接扣件连接，立杆基础不在同一高度时，必须将高处扫地杆向低处延长两跨并与延长段立杆固定，主节点处必须设置一根横向水平杆。

010203　连墙件

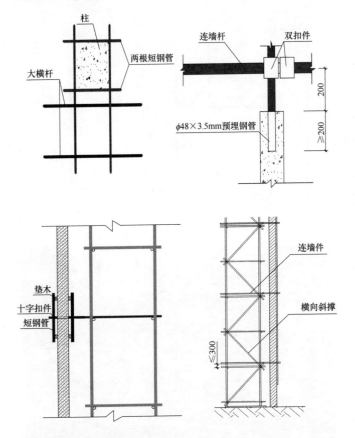

工艺说明：

　　脚手架连墙件设置的位置、数量应按专项施工方案确定，连墙件应采用兼具承拉和承压的刚性结构。连墙件设置应从底层第一步纵向水平杆处开始，偏离主节点的距离不应大于300mm，安装应随脚手架搭设同步进行。开口型脚手架的两端应设置连墙件，连墙件的垂直间距不应大于建筑物的层高，且不应大于4m。

010204　剪刀撑和横向斜撑（24m 以下）

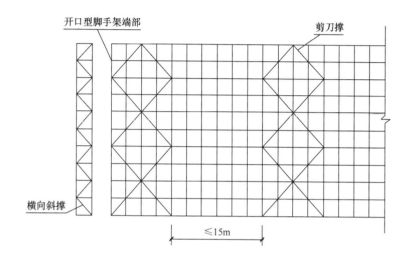

工艺说明：

搭设高度在 24m 以下的落地扣件式钢管脚手架，应在架体外侧两端、转角及中间间隔不超过 15m 的立面上，各设置一道剪刀撑。封闭型双排脚手架可不设横向斜撑，一字型、开口型双排脚手架的两端均必须设置横向斜撑。

010205　剪刀撑和横向斜撑（24m以上）

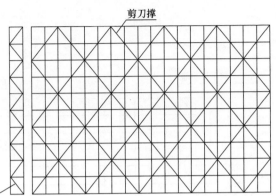

工艺说明：

架体高度在24m及以上的落地扣件式钢管脚手架应在外侧全立面连续设置剪刀撑。除拐角应设置横向斜撑外，中间应每隔6跨设置一道，一字型、开口型双排脚手架的两端均必须设置横向斜撑。

010206　架体防护

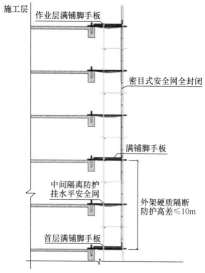

施工层
作业层满铺脚手板
密目式安全网全封闭
满铺脚手板
中间隔离防护挂水平安全网
外架硬质隔断防护高差≤10m
首层满铺脚手板

工艺说明：

落地钢管扣件脚手架在第一步架或结构二层板部位应满铺一道脚手板，内排立杆与结构之间应做硬质防护脚手板；脚手架作业层脚手板应满铺，每隔三层且不超过10m应满铺一道脚手板或一道阻燃型安全平网，内排立杆与墙体之间应进行封闭；脚手架沿架体外围挂密目式安全网全封闭。

010207 型钢悬挑式脚手架悬挑钢梁设置

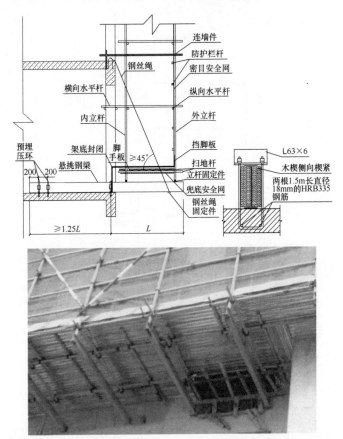

工艺说明：

悬挑钢梁型号、锚固件及悬挑钢梁悬挑长度、固定段长度均应按设计确定，固定段长度不应小于悬挑段长度的1.25倍。固定悬挑钢梁的U形钢筋拉环或锚固螺栓应预埋至混凝土梁、板底层钢筋位置，并应与混凝土梁、板底层钢筋焊接或绑扎牢固，结构板厚度小于12cm时应采取加固措施。

010208　特殊部位构造

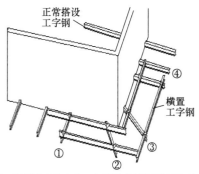

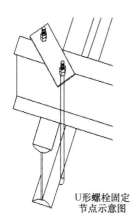

注：1.①②③④点在工字钢端头斜拉钢丝绳固定；
　　2.U形螺栓固定处用木楔卡紧。

U形螺栓固定
节点示意图

工艺说明：

　　结构转角等部位悬挑钢梁不能按设计的立杆纵距设置时，可采用在悬挑钢梁上搭设连梁的方式，保证立杆不悬空。连梁应采用U形卡环与主梁可靠固定。型钢悬挑梁外端应设置钢丝绳或钢拉杆与上一层建筑结构斜拉结。

010209　附着式升降脚手架基本要求

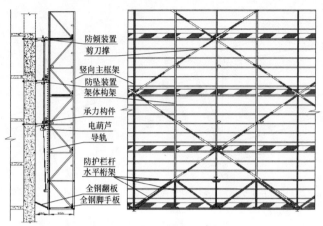

防倾装置
剪刀撑
竖向主框架
防坠装置
架体构架
承力构件
电葫芦
导轨
防护栏杆
水平桁架
全钢翻板
全钢脚手板

工艺说明：

　　附着式升降脚手架应按专项施工方案进行安装，竖向主框架与水平支承桁架、架体构架构成稳定结构。竖向主框架所覆盖的每一楼层处设置一道附墙支座，在使用工况时，将竖向主框架固定于附墙支座上。依靠自身的升降设备和安全装置，随工程结构逐层爬升或下降。

010210　附着式升降脚手架安全装置

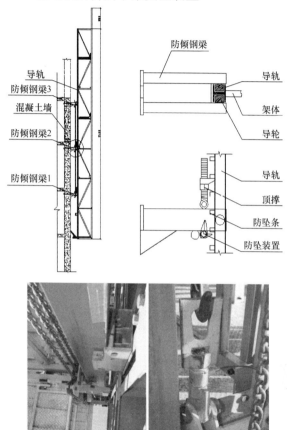

工艺说明：

附着式升降脚手架必须具有防倾覆、防坠落和同步升降控制的安全装置。防倾覆装置导向件应卡住与竖向主框架可靠连接的导轨，每一机位均应设置具有防尘、防污染措施的防坠落装置。整体升降应采用限制荷载的同步控制系统。

010211　高处作业吊篮安装基本要求

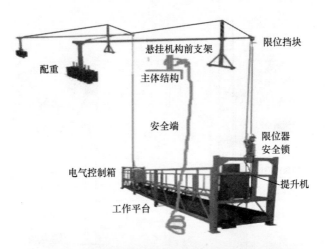

- 悬挂机构前支架
- 限位挡块
- 配重
- 主体结构
- 安全端
- 限位器安全锁
- 电气控制箱
- 提升机
- 工作平台

工艺说明：

　　高处作业吊篮悬挂机构前后支架间距及前梁外伸长度应符合产品使用说明书的规定，悬挑横梁应前高后低。配重件的重量应符合设计规定，稳定可靠地安放在配重架上，并应有防止滑动的措施。

010212　高处作业吊篮安全装置

工艺说明:

(1) 安全锁有效标定期限应不大于一年;

(2) 行程限位装置稳固灵敏,超高限位器止挡应具有一定刚度,安装位置距钢丝绳悬挂点不小于80cm;安全钢丝绳独立于工作钢丝绳悬挂,下方安装重锤保持悬垂状态;

(3) 安全救生绳应独立设置,固定在强度可靠的建筑结构上,并应有防磨损措施;

(4) 作业人员安全带应使用锁绳器有效连接到安全救生绳上。

010213 落地转料平台（落地式接料平台）

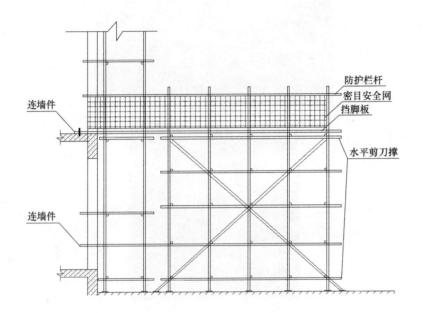

工艺说明：

　　落地转料平台搭设应符合方案设计要求，并独立设置，不得与脚手架连接，高度不应超过15m，高宽比不大于3∶1。架体立杆底部应设置底座或垫板、纵向与横向扫地杆，在外立面设置竖向剪刀撑或斜撑，从底层第一步水平杆起逐层设置连墙件与建筑物进行刚性连接或采取防倾措施，同时设置水平剪刀撑。平台面脚手板应满铺，临边设置防护栏杆，在平台的内侧设置限载牌。

010214　悬挑转料平台（悬挑式操作平台）

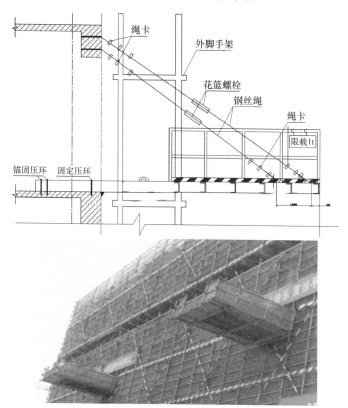

工艺说明：

悬挑式转料平台必须按方案设计进行加工、安装、使用及吊运。悬挑式转料平台的搁置点、拉结点、支撑点应设置在主体结构上，且与之可靠连接。采用斜拉方式连接时，平台两边各设置前后两道斜拉钢丝绳，钢丝绳卡数量及连接方法应满足规范要求，建筑物锐角利口周围系钢丝绳处应加衬软垫物。安装时外侧略高于内侧，临边应安装固定防护栏杆并设置防护挡板完全封闭，内侧设置限载牌。

010215 自升式转料平台

工艺说明：

自升式转料平台内侧搁置点、平台两侧斜拉杆拉结点均固定在附着于建筑结构上的导轨上。在使用工况下，导轨通过附墙支座将荷载传递到建筑结构，升降工况依靠自身升降装置，使转料平台与导轨沿附墙支座端部的导向件上升或下降。

第三节 模板工程

010301 模板支架基础

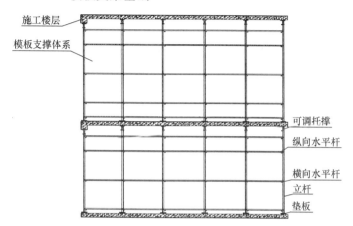

施工楼层
模板支撑体系
可调托撑
纵向水平杆
横向水平杆
立杆
垫板

工艺说明：
　　模板支架地基基础应坚实平整，强度满足方案设计计算要求，验收合格后按施工方案要求定位放线。对高大复杂或荷载较大的模板支架系统，应对支架单元和地基进行预压试验。模板支架支承在楼面等建筑结构上，下层楼板应当具有承受上层施工荷载的承载能力，否则下部原有的支撑支架应保有或增设支撑支架。

010302　支架构造

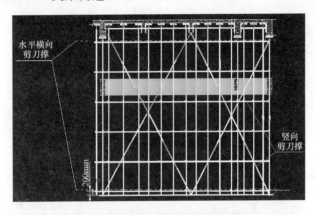

工艺说明：

　　梁、板的支架立杆间距应符合方案设计，其纵横向间距应相等或成倍数；在距立杆底部20mm的高度设置纵横向扫地杆；纵横向水平杆按设计步距搭设，并控制立杆上部悬臂高度；支架外侧四周沿竖向自下而上连续设置剪刀撑，中间部位按设计设置由下而上的竖向连续式剪刀撑，并在模板支架扫地杆、顶部水平杆等位置设置连续的水平剪刀撑。

010303 高支模立杆顶部支撑

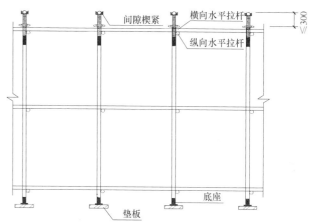

工艺说明：

　　钢管立杆顶部应设置可调托撑，U形托撑与楞梁两侧间如有间隙，必须楔紧，其螺杆伸出钢管顶部不应大于300mm，插入立杆内的长度不应小于150mm，安装时应保证上下同心；可调托撑底部的立杆顶端应沿纵横方向设置一道水平杆。

010304 高支模架体与结构拉结

工艺说明：

　　模板支架四周有建筑物时，所有水平杆的端部均应与建筑物顶紧顶牢；有结构柱时，在模板支架的四周和中部与结构主体柱进行刚性连接，连墙件水平间距应为6～9m，竖向间距为2～3m；在无结构柱部位应采取预埋钢管等措施与结构进行刚性拉结。

010305　高支模防护

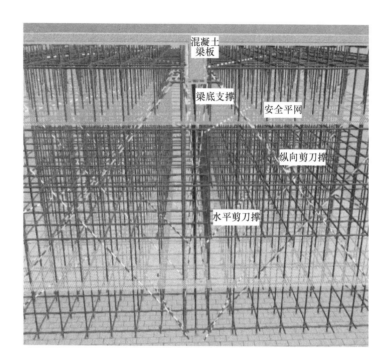

混凝土梁板

梁底支撑

安全平网

纵向剪刀撑

水平剪刀撑

工艺说明：
　　搭设高度2m以上的支撑架体应设置作业人员登高设施。作业面应按有关规定设置安全防护设施，搭设2m以上支架时应铺设脚手板，作业层脚手板下应采用安全平网兜底，以下每隔10m应采用安全平网封闭。

010306 爬升模板

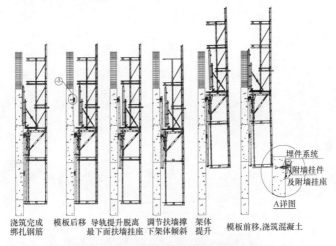

埋件系统

附墙挂件
及附墙挂座

A详图

浇筑完成 | 模板后移 | 导轨提升脱离 | 调节扶墙撑 | 架体 | 模板前移,浇筑混凝土
绑扎钢筋 | | 最下面扶墙挂座 | 下架体倾斜 | 提升 |

工艺说明:

架体挂座安装固定采用专用承载螺栓,挂钩连接座应与建筑物表面有效接触。操作平台上应在显著位置设置限载标识牌,上、下操作平台均应满铺脚手板,全高范围及下端平台底部均应安装防护栏及安全网,下操作平台及下架体下端平台与结构表面之间应设置翻板和兜网。

第四节 临时用电

010401 TN-S 配电系统

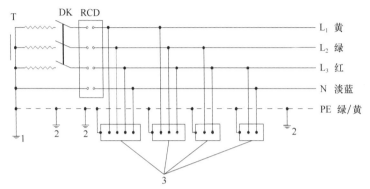

1—工作接地；2—PE线重复接地；3—电气设备金属外壳（正常不带
电的外露可导电部分）；DK—总隔离开关；RCD—总漏电断路器

工艺说明：

施工现场临时用电为专用变压器供电时，由工作接地
处引出两根零线，一根为工作零线、一根为保护零线；施
工现场的所有电气设备正常不带电的金属外壳必须与保护
零线做电气连接。

010402 三级配电及两级保护

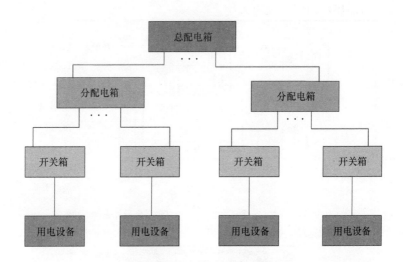

工艺说明：

（1）施工现场应设置配电柜或总配电箱、分配电箱、开关箱，实行三级配电。

（2）总配电箱和开关箱应装设漏电保护器。总配电箱内漏电保护器的额定漏电动作电流应大于30mA，额定漏电动作时间应大于0.1s，且额定漏电动作电流与额定漏电动作时间的乘积不应大于30mA·s。

（3）开关箱用于一般场所，漏电保护器的额定漏电动作电流不应大于30mA，额定漏电动作时间不应大于0.1s。

010403　配电室布置

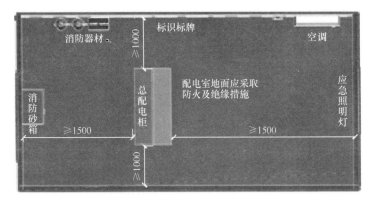

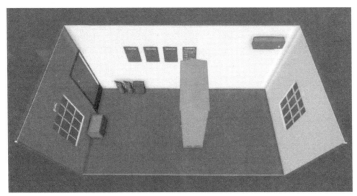

工艺说明：

　　配电室应靠近电源，设置在灰尘少、潮气少、振动小、无腐蚀介质、无易燃易爆物及通道畅通的地方。面积和高度应满足配电柜的操作与维护需要的安全距离。配电室的建筑物和构筑物的耐火等级不低于2级，室内配置砂箱和可用于扑灭电气火灾的灭火器。

010404　配电箱电器配置

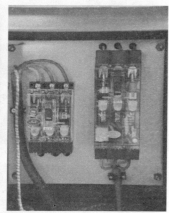

工艺说明：

总配电箱、分配电箱、开关箱电器配置如下表。断路器采用分断时具有可见分断点的断路器时，可不另设隔离开关。

电箱类别		电器配置
总配电箱	总路	总隔离开关、总断路器或总熔断器
	分路	分路隔离开关、分路断路器或分路熔断器、分路漏电保护器
分配电箱	总路	总隔离开关、总断路器或总熔断器
	分路	分路隔离开关、分路断路器或分路熔断器
开关箱		隔离开关、断路器或熔断器、漏电保护器

010405　电缆线路敷设

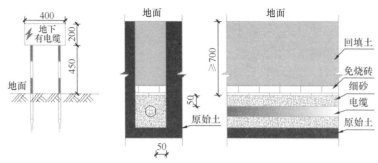

工艺说明：

　　电缆线路敷设应采取埋地敷设或架空敷设。埋地电缆在穿越建筑物、构筑物、道路、易受机械损伤、介质腐蚀场所及引出地面从 2.0m 高到地下 0.2m 处，必须加设防护套管，埋地电缆的接头应设在地面上的接线盒内，接线盒应能防水、防尘、防机械损伤，并应远离易燃、易爆、易腐蚀场所。架空电缆应沿电杆、支架敷设，采用绝缘子固定，绝缘线绑扎。

第五节 安全防护

010501 洞口防护

竖向洞口短边尺寸≥0.5m

竖向洞口短边尺寸＜0.5m

竖向洞口高度＜0.8m的窗台

水平洞口短边尺寸＜0.5m

水平洞口短边尺寸0.5～1.5m

水平洞口短边尺寸＞1.5m

竖向洞口防护效果图

工艺说明：

（1）当竖向洞口短边尺寸＜500mm时，应采用封堵措施；当竖向洞口短边尺寸≥500mm时，应在临空一侧设置高度≥1.2m的防护栏杆，并应采用密目式安全网或工具式栏板封闭，设置挡脚板。

（2）当非竖向洞口短边尺寸为25～500mm时，应采用不能自由移位的盖板覆盖；短边尺寸为50～1500mm时，应采用专项设计的固定盖板覆盖；短边尺寸≥1.5m时，应在洞口作业侧设置高度≥1.2m的防护栏杆，并应采用密目式安全网或工具式栏板封闭，洞口应采用安全平网封闭。

（3）墙面等处落地的竖向洞口、窗台高度＜800mm的竖向洞口，应按临边防护要求设置栏杆。

（4）所有防护盖板及栏杆必须满足防护强度及构造要求。

010502　临边防护

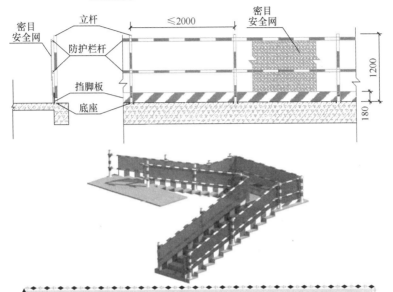

工艺说明:

(1) 坠落高度基准面2m及以上临边作业时,应在临空一侧设置防护栏杆,并应采用密目式安全网或工具式栏板封闭,设置挡脚板。

(2) 分层施工的楼梯口、楼梯平台和梯段边,应安装防护栏杆;外设楼梯口、楼梯平台和梯段边还应采用密目式安全立网封闭。

(3) 临边作业防护栏杆应由横杆、立杆及不低于180mm高的挡脚板组成,并应张挂密目式安全立网;防护栏杆应设置两道横杆,上杆距地高度应为1.2m,下杆应在上杆和挡脚板中间设置,当防护栏杆高度大于1.2m时,应增设横杆,横杆间距不应大于600mm;防护栏杆立杆间距不应大于2m。

(4) 防护栏杆立杆和横杆的设置、固定及连接,应确保防护栏杆在上下横杆和立杆任意处均能承受任意方向的最小1kN的外力作用。

(5) 高处临边作业处除应悬挂安全警示标志外,夜间还应设灯光警示。

010503　电梯井防护

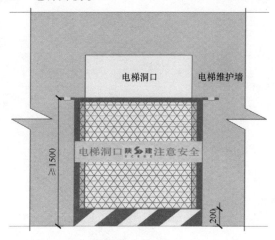

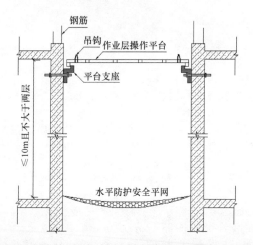

工艺说明：

（1）电梯井口应设置防护门，其高度不应小于1.5m，防护门底端距地面高度不应大于50mm，并应设置挡脚板。

（2）在进入电梯安装施工工序前，井道内应每隔10m且不大于2层加设一道水平安全网，电梯井内的施工层上部，应设置隔离防护设施。

010504　通道口防护

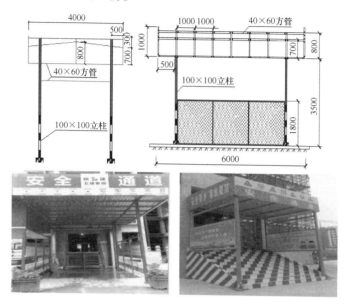

工艺说明：

（1）施工现场人员进出的通道口及处于起重设备覆盖范围内的通道，顶部应搭设防护棚。

（2）防护棚的顶棚应使用双层搭设，间距不应小于700mm，顶部应采用厚度不小于50mm的木板或采用与木板等强度的其他材料搭设，防护棚长度应根据建筑物高度与坠落半径（如下表）确定。

序号	上层作业高度	坠落半径
1	$2 \leqslant h < 5$	3
2	$5 \leqslant h < 15$	4
3	$15 \leqslant h < 30$	5
4	$h \geqslant 30$	6

010505　交叉作业防护

主体施工
外脚手架

双层硬质
防护棚

外墙作业
高处作业吊篮

工艺说明：
　　施工现场立体交叉作业时，下层作业的位置应处于坠落半径之外，模板、脚手架等拆除作业时应适当增大坠落半径，当达不到规定时，应设置安全防护棚，下方应设置警戒隔离区。

010506 移动作业平台

工艺说明：

(1) 应优先采用成品移动式升降操作平台，面积不应超过 $10m^2$，高度不应超过 5m，高宽比不应大于 2：1，施工荷载不应超过 $1.5kN/m^2$。

(2) 移动操作平台的轮子与平台架体连接应牢固，立柱底端离地面不得超过 80mm，行走轮和导向轮应配有制动器或刹车闸等固定措施。

(3) 移动式行走轮的承载力不应小于 5kN，行走轮制动器的制动力矩不应小于 $2.5N \cdot m$，行走轮的制动器除在移动情况外，均应保持制动状态。

(4) 移动式操作平台在移动时，操作平台上不得站人。

第六节 机械设备

010601 塔机防碰撞

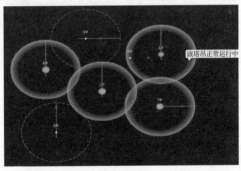

工艺说明：

（1）合理布置塔机平面位置，使用平头塔机增加空间利用率，同时辅助电子监控设备达到塔机防碰撞目的。

（2）多台塔机在同一施工现场交叉作业时，应编制专项方案，并应采取防碰撞措施。任意两台塔机之间的最小架设距离应符合：低位塔机的起重臂末端与另一塔机的塔身之间的距离不得小于2m；高位塔机的最低位置部件与低位塔机中最高位置部件之间的竖向距离不得小于2m。

（3）安装防碰撞智能控制报警系统，做到实时监控及报警。

010602　附着安装操作防护平台

工艺说明：

（1）防护平台应根据现场实际需求经强度设计计算后采用型钢材料加工制作，确保平台安全可靠。

（2）平台上不得存放任何设施、材料或工具，首层平台应设置防攀爬措施。

（3）平台安装不得影响塔机自身安全，不得采用焊接形式与塔机连接固定。

010603　操作人员高空通道

工艺说明：
（1）制作及安装应按照防护平台要求执行。
（2）高空通道安装不得影响塔机自由摆动，通道深入楼层内距离不应小于塔机最大摆动距离且应大于50cm，并应在入口处设置防护门。

010604　安全监控系统

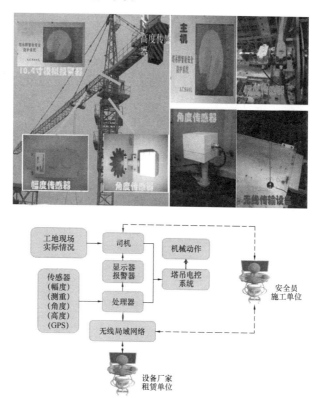

工艺说明：

（1）安全监控系统作为辅助监控系统，实时记录塔机的运行情况，并为考核塔机司机的行为提供依据，实时纠正违章行为。

（2）安全监控系统的安装不得影响塔机自身设备的正常工作，不得代替塔机自身安全装置或控制系统。

（3）应设置独立的供电系统，不得影响塔机控制系统。

010605　施工升降机层站防护

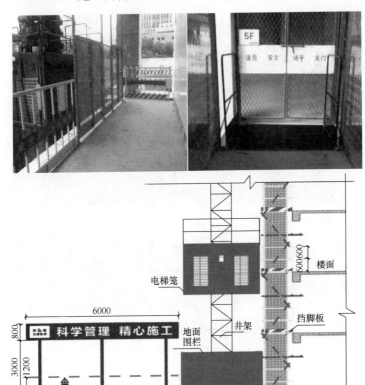

工艺说明：

（1）层站防护设置形式应根据现场实际采用安全可靠、经济合理的形式，防护强度及稳定性应满足施工及防护要求，采用脚手架搭设的层站防护应编制专项施工方案并履行审批程序。

（2）层站防护应设置明显的标识牌，不得影响机械正常运行安全，层站防护门应与梯笼实现机械联锁或电气连锁。

010606 操作权限智能控制系统

工艺说明:

(1) 采用面部及指纹生物识别智能控制系统,控制设备启动总开,达到授权操作的效果,防止非司机操作。

(2) 智能系统作为辅助管理系统,不得代替塔机自身安全装置或控制系统。

010607　中小型设备安全防护

工艺说明：

（1）采用型钢制作标准化中小机械防护棚，频繁吊装作业区域的设备防护可采用移动式防护棚。

（2）防护棚应满足防护强度要求，多风地区采用移动式防护棚应采用防倾措施，确保防护棚稳定性。

第七节　安全体验

010701　平面布置

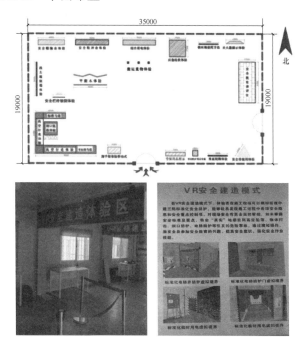

工艺说明：

（1）实体安全体验区应设置在进入施工现场的行人线路上，并应用于安全教育工作。

（2）设置项目应根据工程实际需要设置，做到有序体验，服从管理人员统一指挥，注意安全。

（3）实体体验设备应定期进行专业检查及维修，确保设备使用安全。

（4）应推广使用信息化技术设置虚拟安全体验项目。

010702　安全帽撞击体验

工艺说明：

（1）通过模拟不同重量的物体打击力度，体验佩戴安全帽后减轻被物体打击的冲击力，深刻感受安全帽撞击的力量，让体验者认识到不戴安全帽带来的危害，从而养成正确佩戴安全帽的好习惯。

（2）体验者佩戴安全帽应为检验合格的产品。

010703　洞口坠落体验

工艺说明：

（1）模拟从洞口坠落带来的危险，了解洞口或开口部的危险性，及时正确的加强洞口防护，从而养成正确维护安全防护的好习惯。

（2）40岁以上和体重超标者、心脏病、高血压及腰部、腿部、颈部有骨折史的人员禁止体验该器材，在体验时要屈膝、弯腰、抱臂、两脚同时落地。

010704　安全带使用体验

工艺说明：

（1）模拟高处坠落过程中安全带的作用，在上升及下落（坠落）的过程中体验高处悬空的感受，认识到正确使用安全带的重要性。

（2）心脏病、高血压患者禁止体验该器材，应确保安全带为合格产品。

010705　综合用电体验

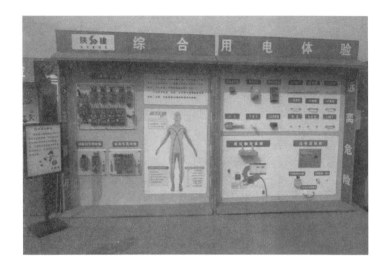

工艺说明：

(1) 模拟触电感受，让体验者认识触电的危害。通过学习各开关电器、各种灯具及各种规格电线的使用说明，正确引导学习安全用电的知识。

(2) 电压眩晕人员禁止体验该器材，电器产品必须经专业人员调试安装和维修保养，严禁私设体验设备。

010706　平衡木体验

工艺说明:

平衡木是体验作业人员自身平衡能力及动作的协调性,检查肢体的应变能力,检测作业人员是否满足作业条件,尤其在负重、疲劳的情况下,是否能控制自身平衡,正确应对突发事件。

010707　消防器材使用体验

工艺说明:
　　模拟发生火灾时如何正确使用消防器材及应急处置措施的有效性,培养从业人员扑救初起火灾的能力。

010708　挡土墙倒塌体验

工艺说明：

(1) 使用液压控制设备，模拟演示及体验挡土墙突然倒塌的冲压感受或压迫感，让体验人员施工的过程中注意边坡危险源。

(2) 体验应根据体验者的身形等情况合理调整倾倒角度，避免出现伤害，体验者应正确佩戴个体防护用品。

010709　安全鞋冲击体验

工艺说明：
　　通过模拟演示安全鞋受到物体冲击以及钉子扎脚造成的冲压感受，让体验人员认识到安全鞋的正确使用方法及必要性，养成良好的习惯。

010710　急救体验

工艺说明：

通过对模拟人进行急救操作，使体验者掌握人工呼吸、心脏按压等基本急救知识，提高应急救援能力。

第八节　消　防

010801　消防平面布置

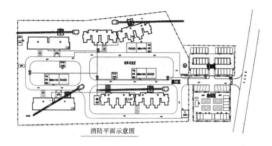

消防平面示意图

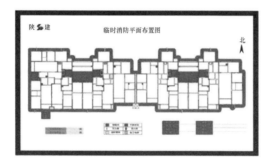

工艺说明：

（1）临时用房、临时设施的布置应满足现场防火、灭火及人员安全疏散的要求。

（2）施工现场临时办公、生活、生产、物料存贮等功能区宜相对独立布置，应符合防火间距要求。

（3）易燃易爆危险品库房应远离明火作业区、人员密集区和建筑物相对集中区。与在建工程的防火间距不应小于15m。

（4）施工现场内应设置临时消防车道，临时消防车道的净宽度和净空高度均不应小于4m，应在通道右侧设置消防车行进路线指示标识。

010802　消防器材配备

灭火器的最低配置标准

项目	固体物质火灭		液体或可熔化固体物质火灾、气体火灾	
	单具灭火器最小灭火级别	单位灭火级别最大保护面积（m²/A）	单具灭火器最小灭火级别	单位灭火级别最大保护面积（m²/B）
易燃易爆危险品存放及使用场所	3A	50	89B	0.5
固定动火作业场	3A	50	89B	0.5
临时动火作业点	2A	50	55B	0.5
可燃材料存放、加工及使用场所	2A	75	55B	1.0
厨房操作间、锅炉房	2A	75	55B	1.0
自备发电机房	2A	75	55B	1.0
变配电房	2A	75	55B	1.0
办公用房、宿舍	1A	100	—	—

工艺说明：

（1）施工现场应设置灭火器、临时消防给水系统和应急照明灯等临时消防设施。

（2）临时消防设施应与在建工程的施工同步设置。房屋建筑工程中，临时消防设施的设置与在建工程主体结构施工进度差距不应超过3层。

（3）在建工程可利用已具备使用条件的永久性消防设施作为临时消防设施。

010803　消防水源设置

工艺说明：

(1) 施工现场的消火栓泵应采用专用消防配电线路。专用消防配电线路应自施工现场总配的总断路器上端接入，且应保持不间断供电。

(2) 建筑高度超过24m或单体体积超过3万 m³ 的在建工程，应设置临时室内消防给水系统。高度超过100m应增设中转水池及加压水泵，中转水池溶剂不小于10m³，且上下两个水池高度距离不超过100m。

(3) 临时消防用水管道管径应根据现场实际情况水流速度计算确定，并不得小于DN100，严寒及寒冷地区的现场临时消防给水系统应采取防冻措施。

第九节 治安保卫

010901 实名制门禁

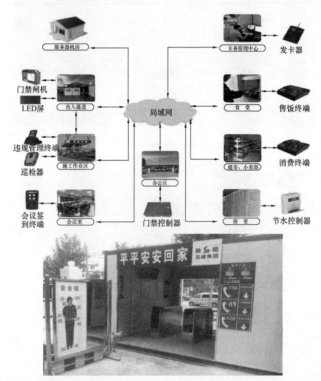

工艺说明：

（1）实名制系统可采用指纹等生理特征或"门禁卡"控制设备，采用权限设置达到"行为控制"、权限控制以及便民服务等。

（2）实名制系统应与安全教育联动，一人一卡，动态管控。

010902　现场围挡

工艺说明：

（1）现场围挡应优先采用原有围墙，需新设置围挡应采用钢制定型化、标准化、可周转围墙，固定措施应安全可靠。

（2）围墙设置高度应满足市区主干道不低于2.5m，其他区域不低于1.8m；距离交通路口20m范围内占据道路施工设置的围挡，其0.8m以上部分应采用通透性围挡，并应采取交通疏导和警示措施，转角位置设置凸面转角反光镜，不得影响交通路口行车视距。

第二章 绿色施工

第一节 环境保护

1. 扬尘控制

020101 车辆冲洗

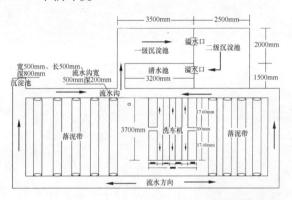

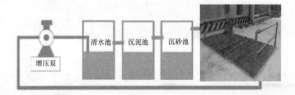

工艺说明：

在施工现场主出入口设立全自动洗车机，采用循环用水装置，将车辆冲洗污水经排水沟有组织的回流到三级沉淀池，经过沉淀处理后，再由加压泵加压到供水管对车辆进行自动冲洗，在满足施工车辆冲洗的前提下，循环用水，节约水资源。当沉淀池内水量不足时，通过其他水源补给。

020102 裸露土处理

　　工艺说明：
　　对施工场地的裸露土采取种植绿化或防尘网覆盖方式控制扬尘。现场种植绿化应根据工程所处地域选择绿化种植种类。

020103　运输车辆全封闭覆盖

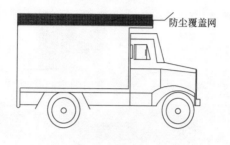

防尘覆盖网

> 工艺说明：
> 　　现场垃圾、散装颗粒材料的运输应做到密闭运输，应在运输车辆上加设盖板或采用篷布进行覆盖，确保运输途中不遗洒、不扬尘。

020104　环保除尘风送式喷雾机

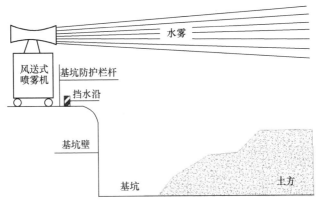

工艺说明：

在土方施工作业时，应采用环保除尘风送式喷雾机，将水雾通过风机强力送风，对扬尘控制重点区域进行定点定向降尘控制。

020105　施工现场喷雾降尘

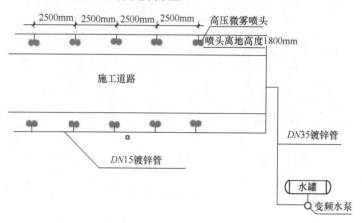

工艺说明：

在施工现场沿主干道路，建立喷雾降尘系统，并与扬尘监测系统进行联动，当施工现场空气中污染物达到临界值时，自动开启喷雾系统，通过水雾对现场空气进行净化。管道材质与管径应结合工程实际情况进行确定。

020106 外脚手架降尘喷雾设施

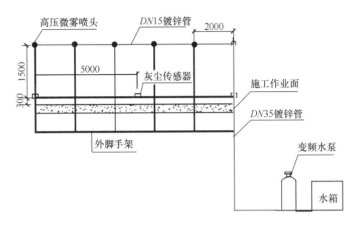

工艺说明：
在施工脚手架上部加装喷雾降尘设施，管道可采用镀锌管或PPR管，并将外脚手架降尘喷淋设施与扬尘监测系统进行联动，自动开启降尘喷淋系统，通过水雾喷淋对作业面及在建建筑四周扬尘进行控制。

020107　塔吊喷雾降尘

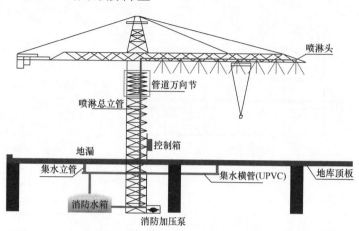

工艺说明：

　　在塔吊大臂上加装喷雾降尘设施，管道可采用镀锌管，并将塔吊喷雾降尘设施与扬尘监测系统进行联动，自动开启降尘喷雾系统。

020108 扬尘智能化监测

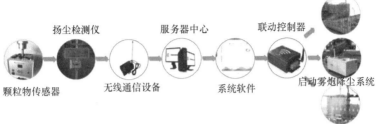

工艺说明：
施工现场设置扬尘监测仪，与现场喷雾降尘系统进行联动，当扬尘含量达到既定限值，喷雾降尘系统可自行做出反应，及时抑制扬尘产生。

2. 噪声控制

020109　选用低噪声设备

施工期主要噪声声源强度表

施工阶段	声源	声源强度[dB（A）]	施工阶段	声源	声源强度[dB（A）]
土石方阶段	挖土机	78～96	装饰装修与机电安装阶段	电钻	100～105
	冲击机	95		电锤	100～105
	空压机	75～85		手工钻	100～105
	卷扬机	90～105		无齿锯	105
	压缩机	75～88		多功能木工刨	90～100
基础与结构阶段	振捣器	100～105		云石机	100～110
	电锯	100～105		角向磨光机	100～115
	电焊机	90～95			
	空压机	75～85			

交通运输车辆噪声声源强度表

施工阶段	运输内容	车辆类型	声源强度[dB（A）]
土方阶段	弃土外运	大型载重车	84～89
基础与结构阶段	钢筋、商品混凝土	混凝土罐车、载重车	80～85
装饰装修与机电安装阶段	各种装饰装修材料及必备设备	轻型载重车	75～80

其他噪声声源强度表

声源	声源强度[dB（A）]
水泵机组	85
备用柴油发电机组（功率1000kW）	110
中央空调机组	65～75
风机（送排风机）	85～90

工艺说明：

在工程施工机械设备选型时，应优先考虑选用低噪声机械设备，如低噪声振动棒等，同时应加强机械设备日常的维护保养，降低设备运行噪声。

020110 混凝土输送泵降噪棚

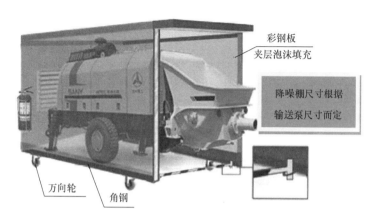

彩钢板
夹层泡沫填充

降噪棚尺寸根据
输送泵尺寸而定

万向轮 角钢

工艺说明:
　　施工现场的混凝土输送泵外围应设置降噪棚,可采用轻钢结构进行制作,降噪棚内隔声材料可选用夹层彩钢板、吸音板、吸音棉等,对混凝土输送泵运行的噪音进行控制,降噪棚应便于安拆、移动。

020111 隔声木工加工车间

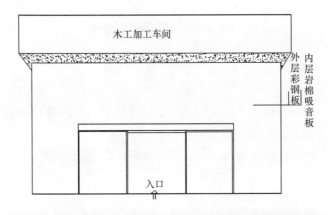

工艺说明：

木工加工车间应封闭加工，一方面可降低木工加工时的噪声，另外一方面可对木工加工时产生的粉尘进行控制，围护结构宜采用夹层彩钢板、吸声板、吸音棉等隔音降噪措施，并安装排风、吸尘、消防等设施。

020112 降噪挡板

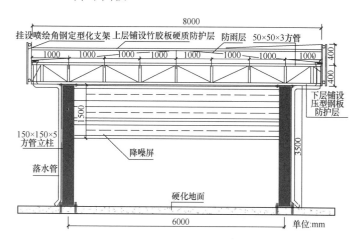

工艺说明：

在临近学校、医院、住宅、机关和科研单位等噪声敏感区域施工时，工程外围挡应设置降噪挡板，同时对现场噪声比较集中的加工场地如钢筋加工棚，应设置降噪屏，并实时监控噪声排放。

020113　隔声降噪布

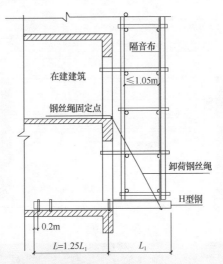

在建建筑

隔音布

≤1.05m

钢丝绳固定点

卸荷钢丝绳

H型钢

0.2m

$L=1.25L_1$　　L_1

　　工艺说明：
　　在噪声敏感区域施工时，脚手架外立面应增设隔音降噪布，该材料采用双层涤纶基布、吸音棉等进行制作，经特种加工处理热合而成，具有隔声、防尘、防潮和阻燃等特点。

020114 噪声实时监测

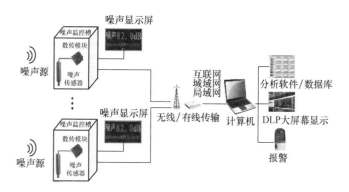

工艺说明：

在施工现场围墙外建立噪声监测点，并将噪声监测数据同步输入噪声监测系统进行公示，便于现场管理人员了解现场施工噪声情况，便于及时采取措施，避免产生噪声扰民事件。

3. 光污染控制

020115　焊接遮光措施

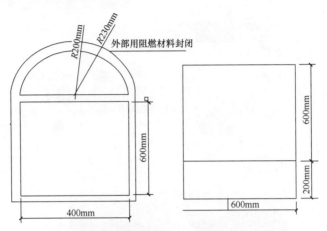

> **工艺说明：**
>
> 施工过程中焊接作业时应设置遮光罩，防止电焊弧光外泄造成光污染，影响周边环境，遮光罩应采用不燃材料制作，焊接操作人员应佩带个人防护设施。

020116　夜间照明灯控制

工艺说明：

　　施工现场应采用带定向光罩的照明灯具，确保光线照射在施工作业区域，避免光源散射影响周边环境，并应设置定时开关控制装置。

4. 水污染控制

020117 污水沉淀池

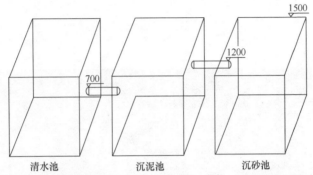

清水池　　　　沉泥池　　　　沉砂池
规格：1500×1500×1500　规格：1500×1500×1500　规格：1500×1500×1500

工艺说明：
　　现场污水应采用三级沉淀方式进行处理，污水通过三级沉淀处理后进行回收再利用或者排放，应及时清理池中沉淀物，确保沉淀池正常使用。

020118 隔油池

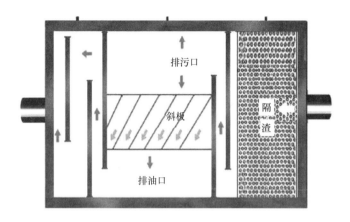

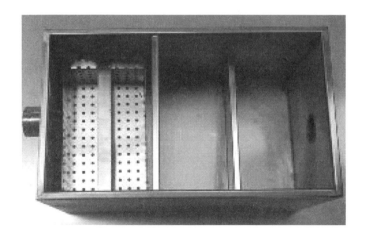

工艺说明:

隔油池是利用油与水的比重差异,分离去除污水中的悬浮油。隔油池应设置在厨房等油污污水下水口处,并应定期清理。隔油池可采用成品隔油池,常见成品隔油池的材质为不锈钢、塑料等。

020119　化粪池

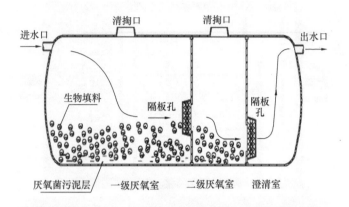

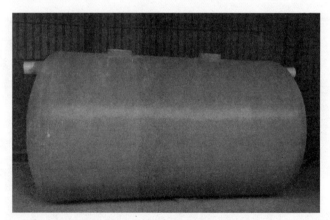

工艺说明：
　　施工现场化粪池可采用成品化粪池，常用成品化粪池的材质为玻璃钢、塑料等。化粪池应定期清理。

020120 危险品储存

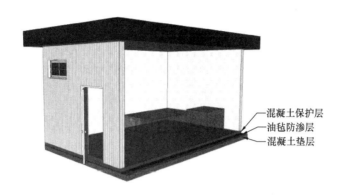

混凝土保护层
油毡防渗层
混凝土垫层

工艺说明：

有毒有害危险品库房应单独设置，地面应设置防潮隔离层，防止油料跑、冒、滴、漏，避免造成场地土壤及水体污染。

020121 土壤污染

工艺说明：

施工现场机修房应尽量采用集装箱式活动房，房间地面应铺设卷材进行防护，机械维修时产生的废油、废液等废料应使用专用容器存储，并及时委托有资质的回收单位进行回收，防止废油、废液等对场地土壤造成污染。

5. 废气排放控制

020122 废气排放控制

工艺说明：

　禁止使用高污染的施工设备，施工现场进出场车辆及燃油机械设备废气排放应符合环保部门要求，定期进行废气检测，确保废气排放符合要求，应尽可能减少使用柴油机械设备。

6. 施工现场垃圾控制

020123　建筑垃圾垂直运输

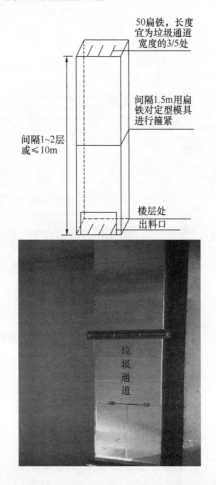

工艺说明：

　　高层建筑应设置建筑垃圾垂直运输通道，并与混凝土结构进行有效固定。垃圾垂直运输时，应每隔1～2层或≤10m高度设置水平缓冲带，防止扬尘，减小安全隐患。

020124 建筑垃圾分类处理

施工现场垃圾分类一览表

项目	可回收废弃物	不可回收废弃物
无毒无害类	废木材、废钢材、废弃混凝土、废砖等	瓷质墙地砖、纸面石膏板等
有毒有害类	废油桶类、废灭火器罐、废塑料布、废化工材料及其包装物、废玻璃丝布、废铝箔纸、油手套、废聚苯板和聚酯板、废岩棉类等	变质过期的化学稀料、废胶类、废涂料、废化学品类等

工艺说明：

建筑垃圾应集中、分类堆放，垃圾台应全封闭设置，对产生的建筑垃圾应及时进行分类并回收再利用。

020125 废弃混凝土、砖砌体骨料回收利用

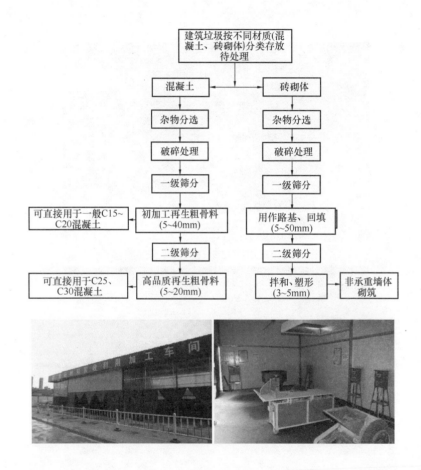

工艺说明：

建筑垃圾分类后，对混凝土、砖砌体等废弃骨料通过分筛、破碎后，可预制小型混凝土构件等进行回收利用，减少施工现场固体废弃物排放。

020126 生活办公垃圾分类回收

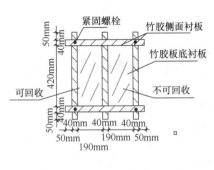
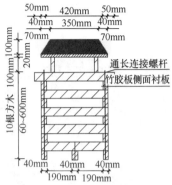

工艺说明：

在办公、生活区设置分类垃圾箱，垃圾箱可采用废旧方木和竹胶板等进行制作。应安排专人定时对其清理。

020127 废旧电池、墨盒集中回收

　　工艺说明：

　　在办公、生活区域设置废旧电池、墨盒收集箱。废旧电池、墨盒回收必须放置在密闭的容器内，防止可能产生的有毒有害物质扩散，并安排专人负责记录，委托有资质单位进行回收处理。收集盒可采用现场废旧方木和竹胶板进行钉制。

7. 环境保护公示牌

020128 环境保护公示牌

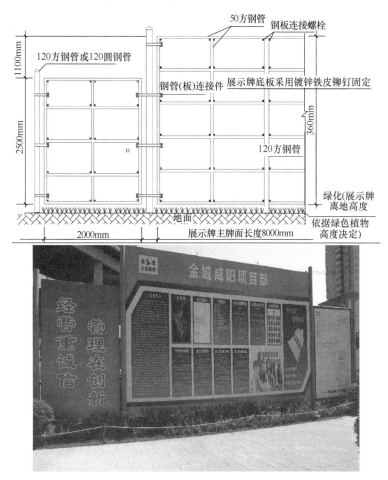

工艺说明:

施工现场应在醒目位置设置环境保护公示牌,采用型钢制作或成品不锈钢展牌,做到工具化、定型化。

8. 其他措施

020129 地下设施、文物和资源保护

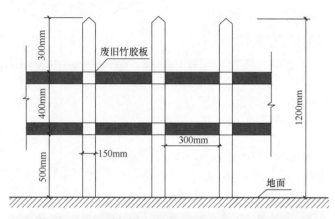

工艺说明：

　　工程施工前，应识别场地内及周边既有的自然、文化和建（构）筑物特征，并采取相应保护措施。保护措施可利用现场废旧材料进行二次利用加工。

020130 临时设施装配化

工艺说明：

施工现场标养室、卫生间、办公室等临时设施应尽量采用装配化集装箱式活动房，便于对现场进行动态布置且可提高回收利用率。

020131 透水混凝土的应用

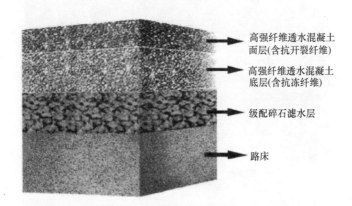

高强纤维透水混凝土面层(含抗开裂纤维)

高强纤维透水混凝土底层(含抗冻纤维)

级配碎石滤水层

路床

工艺说明：

透水混凝土又称多孔混凝土、无砂混凝土，具有透气、透水和重量轻的特点，是保护地下水、维护生态平衡的铺装材料。

020132 植生生态混凝土应用

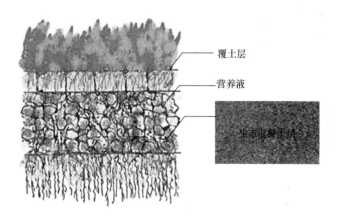

覆土层

营养液

生态混凝土块

工艺说明：

植生生态混凝土是采用特定的混凝土配方和种子配方，将植被混凝土原料经搅拌后，由常规喷锚设备喷射到岩石坡面，经过洒水养护生成植被覆盖坡面，从而对边坡进行保护。

020133 垂直绿化技术应用

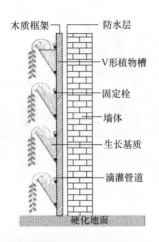

工艺说明：

施工现场可充分利用现有围挡、垂壁等场地条件，依附垂壁结构设置绿化，增加施工现场绿化量，垂直绿化可以降低墙面对噪声的反射，并在一定程度上吸附烟尘，美化环境。

020134 地下水清洁回灌技术应用

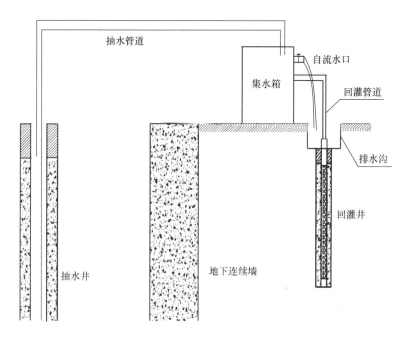

工艺说明：

地下水回灌技术是在施工降水抽水量超过 50 万 m³ 时，应利用工程设备，将地表水注入地下含水层，避免超采地下水造成的地下水补排不平衡、地下水位下降及地面沉降等问题。

第二节　节材与材料资源利用

1. 钢材节约

020201　钢材软件下料

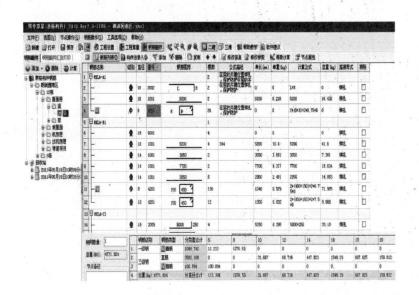

　　工艺说明：

　　利用各类工程软件进行计算机软件钢筋翻样、优化下料，操作方法简单直观，下料精准，可有效避免人工翻样失误造成的浪费。

020202 数控钢材加工设备

工艺说明：

　　采用智能化钢筋加工设备，无需操作人员长期监控，解放劳动力，工效高，加工误差小，避免人工操作失误造成的浪费。

020203　钢筋连接

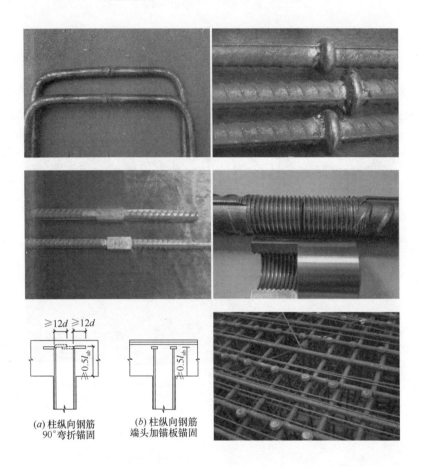

工艺说明：
　　利用直螺纹套筒、闪光对焊、电渣压力焊、钢筋机械锚固等钢筋连接方式进行钢材连接，既可充分保证工程质量，又能减少搭接，有效节约钢材。

020204 钢筋余料回收利用

工艺说明：

施工现场钢材加工产生的短小钢筋可根据施工需要制作成马凳、梯子筋、排水沟篦子、架板等，减少固体废弃物产生，提高资料利用率。

2. 混凝土工程节材

020205 预拌混凝土

工艺说明：

预拌混凝土可由于在专业厂家集中加工，材料利用更充分，生产过程更可靠，厂家可根据工程需要拌制各种具有特殊性能的混凝土。

020206 混凝土余料回收利用

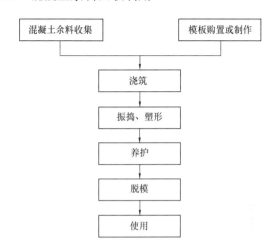

工艺说明：
　　集中回收施工现场产生的混凝土余料，经破碎、拌合后制作盖板、过梁和异形砌块等小型构件。

3. 砌体工程节材

020207 砌体材料集中精确加工

工艺说明：

砌体施工作业前，应根据现场实际尺寸进行预排版，进行施工优化，利用深化设计图和材料清单，集中加工各类标准化半成品材料，统筹利用，减少浪费。

020208　预拌砂浆

　　工艺说明：
　　施工现场应优先采用预拌砂浆。干混砂浆罐出料口需采取防尘措施。预拌砂浆由专业化厂家生产，具有健康环保、质量稳定、节能环保等特点。

4. 装饰工程节材

020209 块材施工前预排

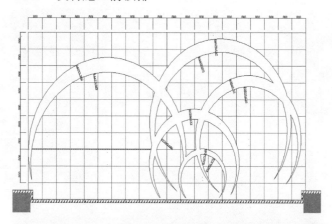

工艺说明：

　块材、面材施工前应根据铺贴房间的实际平面尺寸，从材料规格选择、排列方式、镶贴工艺等方面进行策划，预先排版，有计划的定量采购，集中加工，整块铺贴，减少或避免现场块材裁切，降低材料损耗。

5. 周转材料

020210 新型模板

铝合金模板

全钢模板

塑料模板

塑钢模板

工艺说明：

新型模板，由专业工厂定型加工，便于质量控制，具有质量小，刚度高等特点，回收利用率高。

020211 方木、模板接长

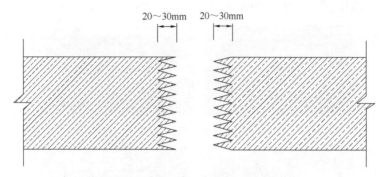

注：开缝6～12条，根据方木尺寸和梳齿机规格型号而定。

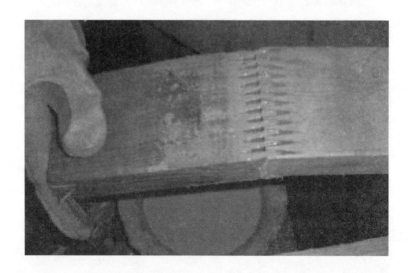

工艺说明：
施工现场短方木、模板应采取接长处理，减少固体废弃物排放，提高材料利用率。

6. 临时设施
020212 集装箱式活动房

集装箱式办公用房

集装箱式宿舍用房

集装箱式浴室

集装箱式茶水亭

集装箱式标养室

集装箱式配电室

集装箱式卫生间

集装箱式门卫室

> 工艺说明:
> 临时设施采用集装箱式阻燃活动房,节能环保,周转料高,临时设施布置应满足消防、环境要求。

7. 其他节材措施

020213　钢板铺装路面

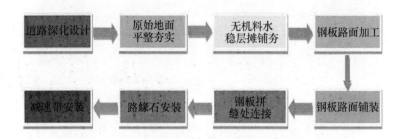

工艺说明：

采用钢板铺装路面，道路布置灵活，路基处理简便，可周转重复使用。钢板铺装路面制作应便于铺设，装钢板铺装路面一般可采用10~20mm厚钢板。

020214 预制模块化混凝土路面

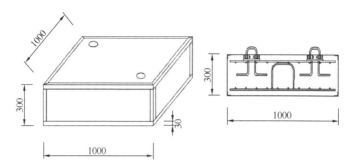

注：路面配筋为三级钢10@150双层双向，边角处采用30×30角钢保护，采用工具式吊环，预埋件浇筑前埋设，预埋件与路面平齐。

工艺说明：

施工现场临时道路布置应与永久道路结合考虑，可采用预制模块化混凝土路面，完工后避免破除，可周转使用，减少固体废弃物产生。

第三节　节水与水资源利用

1. 现场用水分区计量

020301　现场用水分区计量

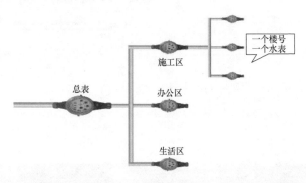

工艺说明：

施工现场办公区、生活区和生产区合理布置供水系统，分区域分部位建立计量措施。建立用水台账，定期进行用水量分析，用水量分析结果应能直观的与既定指标作对比。

2. 节水措施

020302 节水龙头

工艺说明：

施工现场办公区、生活区水龙头应全部采用节水龙头。生活用水器具选用应符合现行行业标准《节水型生活用水器具》CJ/T 164—2014 规定。

020303 感应式冲水小便池

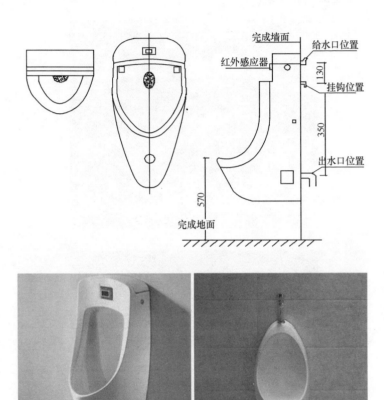

工艺说明：
　　施工现场卫生间应选用感应式冲水小便池，感应放水、关水，既保证环境卫生又节约水资源。

020304 踏板式淋浴器

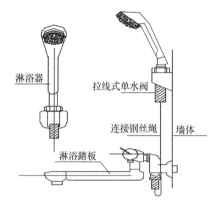

淋浴器

拉线式单水阀

连接钢丝绳 墙体

淋浴踏板

工艺说明：

生活区浴室淋浴器应采用节水型踏板式淋浴器，该淋浴器具有节约用水、结构简单、造价低、使用寿命长等特点。

020305 混凝土泵送管道无水清洗

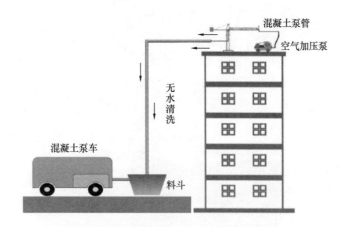

工艺说明：

混凝土泵送管道无水清洗技术是指采用压缩空气吹洗混凝土泵送管道。清洗时，将浸水的清洗球先塞入进气接头，再变径相接的第一根直管连接，并在管路的末端接上安全盖，安全盖的孔口须朝下。气洗时，压缩空气的压力不得超过0.8MPa。气阀应缓慢开启，混凝土能够顺利流出时，方可开大气阀。气洗完毕后，应迅速关闭气阀。气洗方法不适用管路较长的情况，对远距离的管路可分段清洗。

020306　节水型洇砖

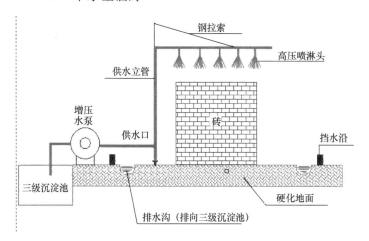

工艺说明：
　　节水型洇砖采用移动式淋水设施，洇砖场地四周应设置排水沟，洇砖废水经沉淀处理后循环使用，既可提高工效，又减少了水污染。

3. 提高水资源利用率

020307 生活污水收集利用

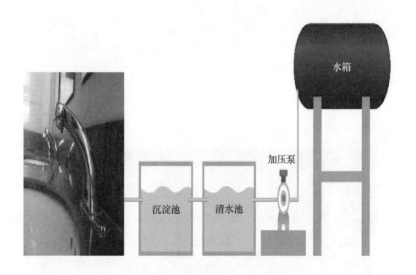

工艺说明：

将施工现场洗涮、盥洗、洗浴等生活污水梯级应用，经加压输送用于卫生间冲洗等。

020308　浴室污水用作卫生间冲水

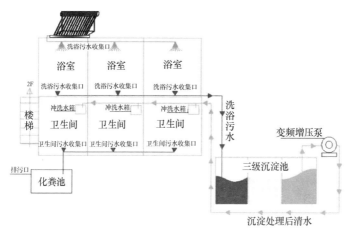

工艺说明：

通过合理设计，将浴室设置在卫生间楼上，可利用浴室污水冲洗卫生间，提高用水效率，达到节约用水的目的。

020309　混凝土施工废水再利用

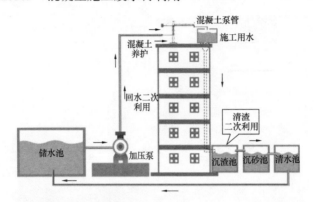

> 工艺说明:
>
> 　　混凝土施工废水再利用是将混凝土输送泵泵管冲洗废水经现场设置在结构采光竖井或室内电梯井的废水回收管道（管道可选用 DN200 的 PVC 管）输送至楼下，经沉淀后集中排入储水池，通过变频加压水泵实现循环利用。废水回收管道顶端宜为漏斗形，避免污水遗撒造成污染；沉淀池中泥沙应定期进行清理。

4. 非传统水源利用

020310 雨水收集利用

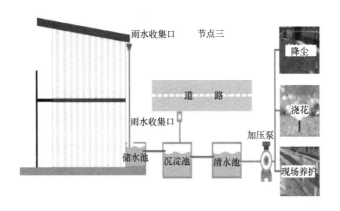

工艺说明：

雨水充沛地区在建工程可利用场内地势高差、临建屋面将雨水通过有组织排水汇流收集后，经过渗蓄、沉淀等处理，集中储存，处理后的水体可用于结构养护、施工现场降尘、绿化灌溉和车辆冲洗等。

020311　基坑降水收集利用

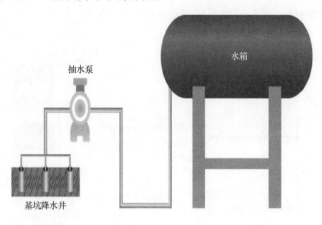

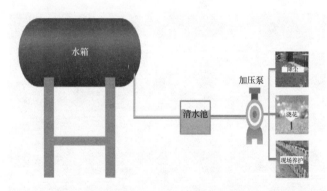

工艺说明:

为满足工程地下部分施工的需要,部分工程必须降水措施。对基坑降水进行收集存储,可用于施工现场车辆冲洗、降尘绿化、卫生间冲洗以及消防用水等,水质经过专业检测机构检测合格的水体,还可用于结构养护及现场砌筑抹灰施工等。

5. 用水安全

020312 直饮水机

工艺说明：

施工现场设置直饮水机，将市政自来水净化后供现场施工人员饮用，确保饮水安全。

020313　非传统水源水质检测

工艺说明：

　　现场有可利用的非传统水源时，应由有资质的检测单位对水样进行检测，确定其等级后方可投入使用，还应保证非传统水源管道与市政用水管道严格区分并明确标识，防止误接、误用。

020314 施工现场污水专项检测

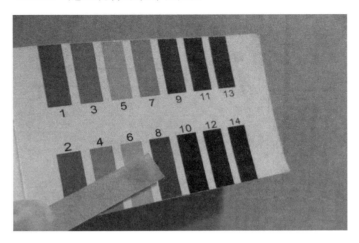

工艺说明：

施工现场污水须经检测，现场排放污水 pH 标准值应控制在 6～9 之间，酸碱度符合排放标准后方可排入市政管网。若出现超标情况，应有相应的中和处理，并请专业检测机构抽检，确保污水排放达标。

第四节　节能与能源利用

1. 施工过程节能措施

020401　用电分区计量

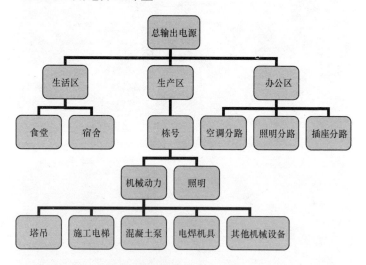

> 工艺说明：
>
> 　对施工现场的生产区、生活区、办公区，主要耗能机具如塔吊、施工电梯、电焊机及其他施工机具和现场照明等，应分别安装电表，单独计量，及时收集用电数据，建立用电统计台账进行能耗分析。

020402 变频塔机

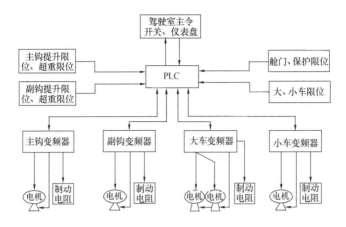

工艺说明：

现场塔机选用应采用变频塔机，可减少机械损耗和设备维护，降低操作工人的劳动强度，运行平稳无冲击，可"重载慢速，轻载高速"超频运行。节约电能，提高工效，可有效的避免因缺相、过流、过压等电器故障而损坏设备，同时可提高塔机的安全性。

020403　变频施工升降机

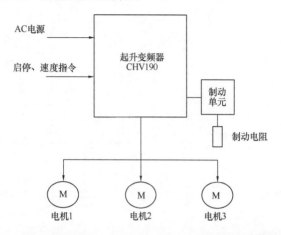

工艺说明：

施工升降机变频控制具有运行速度可自由调整，对电机保护作用大，启动、运行、刹车平稳，可有效解决因电压不足无法启动施工升降机和避免电压不稳定烧坏电机的情况，比传统施工升降机更加节省能源等特点。变频施工电梯下行时，可实现重力势能与动能的等效转换，比普通施工升降机降低50％的能耗。

020404 LED 照明灯

工艺说明：

　　LED 照明灯具有工作电压低、电流小，抗冲击和抗震性能好，可靠性高，寿命长，可通过调制通过的电流强弱便捷的调节发光的强弱的特点，节能效果显著。

020405 太阳能热水供应节能技术

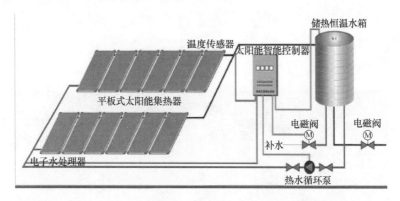

工艺说明：

施工现场热水供应节能技术是利用太阳能集热器，收集太阳辐射把水加热，节能环保，回收率高且使用寿命长。最常用的是平板式太阳能热水系统，该系统维护工作少，使用寿命长，集安全、环保、节能于一体。

020406 空气能热水器

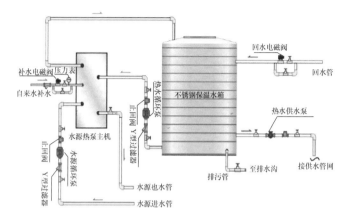

工艺说明:

空气能热水器是把空气中的低温热量吸收进来,经过氟介质气化,然后通过压缩机压缩后升温增压,再通过换热器转化给水加热,利用压缩后的高温热能来加热。空气能热水器具有高效节能的特点,制造相同的热水量,能效是电热水器的4～6倍,节能效果明显。

020407　太阳能路灯

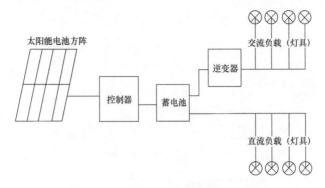

工艺说明：
　　太阳能路灯具有不受供电影响，不用开沟埋线，不消耗常规电能等特点，使用寿命长，节能环保，且只需一次投入。

020408　声、光控技术

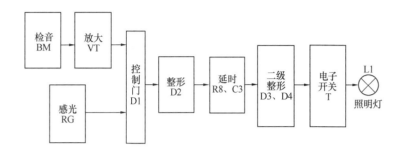

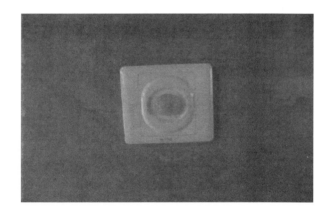

工艺说明：
　　声、光控开关是集声学、光学和延时技术为一体的自动照明开关，该技术的应用可有效避免长明灯现象，达到节约能源的目的。

020409 镝灯时钟控制技术

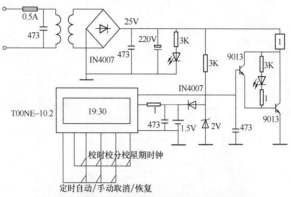

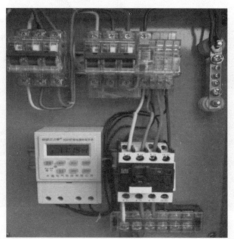

工艺说明：

镝灯时钟控制技术是在传统开关箱内增加时钟定时器和接触器，通过回路连接即可定时控制镝灯开关，时钟控制技术既可手动调节控制，也可设置自动控制，同时可设置多个时间段来控制塔吊镝灯开关，操作方便、控制安全。

020410　变频加压供水设备应用

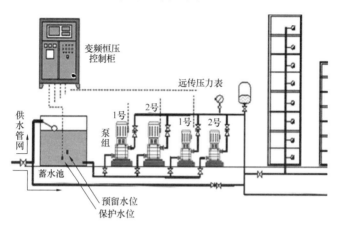

工艺说明:

　　变频加压供水设备由变频控制柜、无负压装置、自动化控制系统及远程监控系统、水泵机组、稳压补偿器、负压消除器、压力传感器、阀门、仪表和管路系统等组成,运行稳定,振动小,噪声低,管理费用低,具有节能、环保、维护方便等特点。

020411 暖风机升温技术

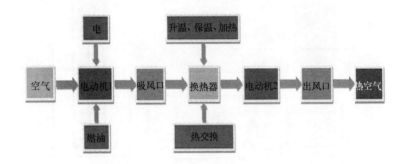

工艺说明：

暖风机具有轻便灵活、体积小、重量轻、操作简便、安全可靠等特点。暖风机所产生的清洁热空气，可对封闭施工区域加热升温，且温度均匀。北方地区宜采用暖风机进行冬期施工混凝土养护工作，相比传统火炉加热养护具有成本小、无污染、制约少、机动灵活以及加热效果好等优势。

020412 光伏发电技术应用

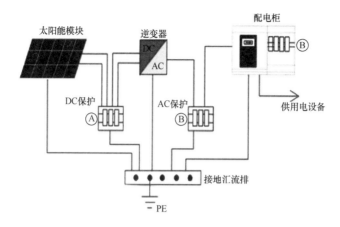

工艺说明:

光伏发电系统主要由太阳电池板、控制器和逆变器三大部分组成,主要由电子元器件构成,不涉及机械部件。光伏发电技术可将转化的电能进行存储,作为项目办公、生活用电。它还具有安全可靠、无噪声,无污染、获取能源时间短、一次性投入、维护成本小等特点。

020413 现场低压照明技术

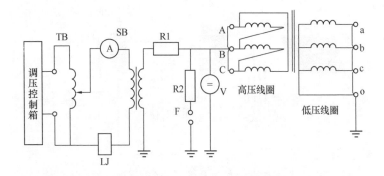

工艺说明：

施工现场特殊场所应依据现行《施工现场临时用电安全技术规范》JGJ 46 要求，使用安全特低电压照明设施。施工现场低压照明技术的应用可节约照明耗电且安全可靠。

020414 溜槽施工技术

工艺说明：

施工中对于部分超长、超宽、超深结构，传统地泵无法直接将混凝土输送至工作面，可利用混凝土自重采用溜槽替代输送泵输送混凝土。溜槽形式可根据工程实际情况，按照项目浇筑需要自行定制，常用溜槽形式有木质溜槽和钢制溜槽。

第五节 节地与土地资源保护

1. 施工现场规划

020501 施工现场布置永临结合

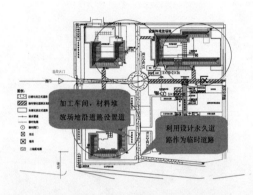

加工车间、材料堆放场地沿道路设置道

利用设计永久道路作为临时道路

工艺说明：

施工现场道路规划应临时道路与正式道路相结合，施工现场内形成环形通路，减少道路占用土地，减少现场硬化量，避免二次破除产生固体废弃物。

020502　现场管理动态布置

工艺说明：
　　根据工程进度和现场需要分阶段对现场平面进行实时调整，实行三维动态管理，应用建筑信息模型（BIM）技术对施工现场进行规划模拟，有序调整现场布置，合理规划减少二次倒运。

135

2. 节地与临时用地保护措施

020503 既有建筑、围墙利用

工艺说明：

因地制宜充分利用建设单位原有围墙用作施工现场外围围护结构，避免二次拆除产生垃圾，减少固体废弃物排放。

020504 土钉墙支护

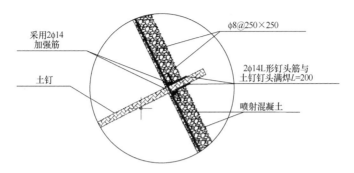

工艺说明：

土钉墙是由天然土体通过土钉墙就地加固并与喷射混凝土面板相结合，形成一个类似重力挡墙以此来抵抗墙后的土压力；从而保持开挖面稳定的支护方式。可显著提高边坡整体稳定性和承受边坡超载的能力。施工设备简单，逐层分段开挖作业，不占或少占单独作业时间，施工效率高，占用周期短。施工不需单独占用场地，对现场狭小，放坡困难，有相邻建筑物时显示其优越性。土钉墙成本费较其他支护结构显著降低。施工噪声、振动小，不影响环境。土钉墙本身变形很小，对相邻建筑物影响不大。